朝天椒主要种植模式及管理方法

董晓宇　姚秋菊　赵俊卿　主编

河南科学技术出版社

·郑州·

图书在版编目（CIP）数据

朝天椒主要种植模式及管理方法 / 董晓宇,姚秋菊,赵俊卿主编. 郑州：河南科学技术出版社，2025. 2. -- ISBN 978-7-5725-1949-9

Ⅰ. S641. 3

中国国家版本馆 CIP 数据核字第 20252AF189 号

出版发行：河南科学技术出版社

地址：郑州市郑东新区祥盛街 27 号　　邮编：450016

电话：（0371）65737028　65788613

网址：www. hnstp. cn

出 版 人：乔　辉

策划编辑：李义坤

责任编辑：李振方

责任校对：臧明慧

封面设计：张德琛

责任印制：徐海东

印　　刷：河南省环发印务有限公司

经　　销：全国新华书店

开　　本：850 mm × 1 168 mm　1/32　印张：2　彩插：6 面　字数：59 千字

版　　次：2025 年 2 月第 1 版　　2025 年 2 月第 1 次印刷

定　　价：15. 00 元

《朝天椒主要种植模式及管理方法》编写人员名单

主　　编　董晓宇　姚秋菊　赵俊卿

副 主 编　刘勇鹏　毛　丹　常晓轲　张　英

参编人员　杨　凡　韩娅楠　程志芳　黄　浅
陈增杰　董海英　刘　卫　李大勇
李自玲　张现周　陈军杰　李尧尧
李雅杰　田　晓　李金玲　李　蕾
杨森要　井建锋

前　言

辣椒是我国居民饮食中重要的调味品和主要鲜食蔬菜，从生产、保鲜、储存到加工出口都已成为农业中的大产业，在助力脱贫攻坚、推进乡村振兴中发挥着重要作用。随着人民生活水平的不断提高和辣椒品种类型的日益丰富，我国食用辣椒人群快速增加。河南省辣椒种植历史悠久，椒农种植经验丰富，辣椒已成为全省蔬菜种植面积最大的作物种类，2023 年河南辣椒种植面积已达到 20 万公顷，产量 557.71 万吨。

朝天椒作为一种重要的辣椒类型，自 1974 年商丘市柘城县有关部门从日本引进并试种成功后，依靠中原地区得天独厚的气候条件、便捷的交通区位优势，结合自身成本低、见效快、收益稳定、适应性强等突出优点，经过多年的发展，在河南逐步壮大并形成了较为完善的产业链。栽培上形成了豫东片区（柘城县及周边区县，尉氏县、通许县、杞县，太康县、扶沟县的接壤地区）、豫北片区（内黄县、滑县）、豫西片区（新安县、宜阳县、渑池县）、豫中片区（鄢陵县、临颍县及其周边区县）等优势种植区，栽培面积接近 15 万公顷。配套的采收、储藏、交易、流通、加工等行业也逐步完善和持续扩大，“小辣椒”已成长为“大产业”。

间作套种能合理利用空间和资源，增加复种指数，提高经济效益，是农业上的一项增产措施。粮食作物、经济作物、蔬菜、水果等均可与朝天椒间作套种。河南省各朝天椒产区根据当地的地理气候特点，形成了朝天椒与其他主产农作物不同的间作套种模式。近年来，各种间作套种模式逐渐代替单一的朝天椒栽培模式，取得了较好的经济效益。

本书是在国家特色蔬菜产业技术体系郑州综合试验站、河南省优势特色农业产业科技支撑行动计划、河南省农业科学院“现代农业科技综合示范县”项目等的资助下完成的。结合农业推广和调研工作，本书介绍了朝天椒和粮食作物、经济作物、蔬菜、水果等不同作物的 13 种间作套种模式，包括品种选择、栽培时间、栽培方式、经济效益等，还介绍了朝天椒生产新技术、常见病虫草害防治技术和栽培中的常见问题，以期为广大朝天椒种植户提供更多的技术支持，助力河南省朝天椒产业的健康发展和提质增效。

由于编者专业水平所限与经验不足，书中如有疏漏和不妥之处，敬请各位读者批评指正。

编者

2024 年 5 月

目　　录

第一部分　朝天椒概述

一、朝天椒的特征、特性和用途

朝天椒（*Capsicum annuum* L.）属茄科辣椒属，是对椒果朝天（朝上或斜朝上）生长的一类辣椒的统称，又名三樱椒、天鹰椒。其特点是椒果小、辣度高、易干制，既可作为鲜食、泡制，又可作为干辣椒使用，是优良的鲜食和加工蔬菜，广受老百姓喜爱，是很多地区的特色蔬菜品种之一。朝天椒富含蛋白质、维生素 C、辣椒素等营养物质，深加工产品广泛应用于食品添加剂、生物防治、医疗保健和军事等领域，市场前景广阔。近年来，朝天椒的栽培面积占全国辣椒栽培面积的比重逐年上升，河南省朝天椒种植面积居全国首位。

二、朝天椒在我国的发展历程和河南省种植状况

辣椒（*Capsicum* spp.）起源于中南美洲热带、亚热带地区。据考古学家估计，早在公元前 7000 年，辣椒就在南美洲生长。公元前 5000 年，美索亚美利加人（玛雅人）就开始吃辣椒，可见辣椒是人类种植的最古老的农作物之一。15 世纪末，哥伦布从北美大陆把辣椒作为胡椒的替代品带回欧洲，从此辣椒开始在世界范围内传播。中国工程院邹学校院士根据文献记载考证和中国辣椒种植情况，认为辣椒是在 16 世纪后期经日本传入我国东

南沿海地区，随后扩散至全国的。最初辣椒作为观赏植物进行栽培，之后传入华北地区，作为花椒的替代品才被广泛接受。辣椒最早被记载出现在河南是在 1716 年（景日昣《说嵩》），但河南地方志记载辣椒时间较晚，最早的辣椒记载在清道光年间（1821—1850），且数量少，直到民国时期仍然很少记载。可见当时河南人并不喜欢吃辣椒。

河南省地处中原，气候条件非常适合种植辣椒，目前已是中国辣椒第一生产大省，同时辣椒也是全省蔬菜种植面积最大的作物种类。据统计，近年来辣椒种植面积稳中有增，2021 年全省辣椒种植面积约占全国辣椒种植面积的 11.25%，达 24 万公顷，产量 527.21 万吨，其中，露地种植面积 20.85 万公顷，产量 391.05 万吨；设施种植面积 3.15 万公顷，产量 136.16 万吨。另外，辣椒按食用方法不同分为干食辣椒和鲜食辣椒，面积分别为 18.42 万公顷和 5.58 万公顷，分别占总面积的 76.8%、23.2%。其中，干食辣椒以朝天椒为主，鲜食辣椒以菜用椒为主。

河南省种植朝天椒最早在商丘市柘城县。1976 年，柘城县引进的日本“枥木三樱椒”在慈圣镇宋屯、梁楼等村试种成功，随后在当地迅速推广开来，20 世纪 90 年代已在柘城县的慈圣、牛城、远襄、马集、起台、老王集、陈青集等十几个乡镇的种植面积扩展到 1 万公顷。经过约半个世纪的发展，朝天椒在河南省的种植范围已扩展至多地，目前已形成豫东（柘城县、商丘市梁园区、睢县、太康县、扶沟县、杞县等）、豫中南（临颍县、鄢陵县、襄城县、禹州市等）、豫北（内黄县、滑县、濮阳县、清丰县等）三大辣椒优势产区。三大主产区辣椒种植面积占全省辣椒总面积的近 90%。其中，辣椒生产大县主要有柘城县（2.67 万公顷）、临颍县（2.67 万公顷）、内黄县（2.00 万公顷）、太康县（1.60 万公顷）、扶沟县（1.53 万公顷）、鄢陵县（1.51 万公顷）、西华县（1.47 万公顷）、商丘市梁园区（1.07 万公顷）

等。

三、朝天椒产业现状和存在的问题

河南省朝天椒鲜椒亩产一般为 1 500 千克左右，晒干或烘干后产干椒为 370 千克左右，市场收购价格为 12～20 元/千克，亩产值为 4 440～7 400 元，每亩栽植成本约为 1 300 元（不含地租），亩纯收入可达 3 140～6 100 元，效益明显高于一般粮食作物。另外，朝天椒除鲜食和制干后做调味料之外，后期加工方式多样，可加工为辣椒粉、辣椒段、辣椒酥、辣椒酱等食品，也可提取辣椒红素、辣椒碱、辣椒精、辣椒籽油等工业制品。因此，朝天椒作为一种多用途且高价值蔬菜被越来越多的农户和企业种植和加工，河南也成为我国朝天椒种植面积最大的省份。

朝天椒产业在快速发展的同时，也产生了一些问题，比较突出的有以下几个：①科研支撑不足，品种更新换代慢，缺乏抗病、高辣、易干制、辣椒红素含量高、适宜机械化采收的杂交朝天椒品种；②组织管理不细，标准化种植水平较低，管理方式较为粗放，多数产区存在连作障碍，单位产量较低；③基础设施落后，机械化水平低，尤其缺乏排水系统，田间积水会导致根系死亡、植株萎蔫，严重影响植株生长和后期产量；④加工龙头企业较少，产品精深加工滞后，多数企业规模不够大、管理水平不高、整体实力不强、带动能力较弱，初级加工品多而精深加工品少。

第二部分　朝天椒的生物学特性和栽培环境

一、朝天椒的分类

辣椒是茄科辣椒属一年生或多年生半木质性植物，而朝天椒并不是指一个辣椒品种，而是对椒果朝上或斜朝上生长的这一类辣椒的统称。在分类上，一般可按照椒果的生长状态，分为簇生朝天椒和单生朝天椒两种。簇生朝天椒属于有限分枝类型（自封顶生长类型），分枝多、茎直立、单叶互生、果实簇生于枝顶，成熟和采收时间较集中；单生朝天椒属于无限分枝型，侧枝旺盛、植株高大、果实单生于二分杈间，成熟和采收时间较长而分散。

二、朝天椒的生物学特性

（一）根

朝天椒根属于直根系，分为主根、侧根、支根和毛根。主根上粗下细，在疏松的土壤中可入土 40~50 厘米；在耕层浅、板结、贫瘠的地块中入土较浅。侧根开始水平发展，长达 40 厘米，以后逐渐向下生长，主要分布在地表以下 40~50 厘米的土层中。与番茄、茄子等茄科其他蔬菜相比，朝天椒根系发育弱，再生能力差，根量少。

（二）茎

朝天椒茎直立生长，茎基部木质化，株高一般在60~80厘米，植株冠幅一般在40~60厘米，侧枝一般为3~6枝，始花节高30~50厘米。朝天椒的株型依据形状可以分为I形、Y形、倒锥形、伞形、纺锤形等；依据枝叶松紧程度可以分为松散型和紧凑型等。朝天椒茎的分枝类型有两种：①无限分枝型，通常植株较高，单生朝天椒常属于此类型；②有限分枝型，通常植株较矮，簇生朝天椒常属于此类型。无限分枝型指主茎长到20~26片真叶时开始分杈，主茎上端一分为三或者一分为二，对称地长出2~3个分枝，在分枝正中间，原主茎生长点分化成花蕾，开花结果；以后每个分枝再一分为二或者一分为三地依次进行新的分枝。有限分枝型指当主茎长到一定叶数后，顶芽分化出簇生的多个花芽，花簇封顶，由花簇下面的腋芽抽出长枝形成侧枝；侧枝顶端形成花簇封顶后，在侧枝的腋芽生出副侧枝；副侧枝的顶端形成花簇，然后封顶，此后植株不再分枝。

（三）叶

朝天椒的叶片分为子叶和真叶两种叶片类型。朝天椒出苗后，幼苗最早出现的两片大小相等、形状相同、呈披针状对生的叶片为子叶，以后再长出的叶片为真叶。子叶初生为黄绿色，以后逐渐变成绿色，随着植株的长大逐渐枯萎脱落。在真叶展开以前，朝天椒幼苗主要靠种子中储藏的养分和子叶进行光合作用制造的养分生长。种子不饱满，子叶会瘦弱畸形；土壤水分不足，子叶会皱缩；水分过多或光照不足，子叶会发黄，提前凋零脱落。子叶一般应在长成8片真叶以后自动脱落，如果脱落过早，则表明苗期管理不当。朝天椒的真叶由叶片和叶柄组成，叶片为单叶，在茎上按2/5的叶序互生。朝天椒叶形主要有长披针形、阔披针形、长卵圆形、阔卵圆形；叶缘主要有缺刻和无刻；叶尖有钝尖、渐尖、急尖等；叶色主要有绿色、深绿色、黄绿色、紫色等。

（四）花

朝天椒的花由花芽发育而成，苗期三四片真叶展开后就开始进行花芽分化，是两性花，属于常异花授粉作物，自然杂交率在15%左右，属于虫媒花。朝天椒的花大多数为白色，少数绿白色、淡黄色或紫色；多数为单生，少数为簇生，极少数为双生。

朝天椒花朵较小，为完全花，由花柄和花朵两部分组成。花朵由花萼、花冠、雄蕊、雌蕊组成。雄蕊由5~6个花药组成，围生于雌蕊外面；花药呈长圆形，浅紫色，成熟时纵裂，散发出花粉。雌蕊由柱头、花柱和子房三部分组成。柱头上有乳状凸起，便于黏着花粉，一旦授粉条件合适，花粉落在柱头上发芽，花粉管伸长，通过柱头到达子房使胚珠受精，便形成种子。

（五）果实

朝天椒果实为浆果，由子房发育而成，属于小型果，辣味浓。朝天椒果柄细长，果实形状有粗指形、细指形、长指形、短指形、小线形、短线形、小圆锥形、短圆锥形、宽圆锥形、鸡心形、樱桃形、扁圆球形、长圆球形、灯笼形、柿子形等。朝天椒成熟前果色多为绿色和深绿色，少数为浅绿色、黄色、淡黄色、紫色、白色；成熟后果色绝大多数为红色和深红色，少数为橘红色、黄色、紫色，极少数品种为五彩色。椒果显现不同的颜色主要是因为果皮中含有不同的色素，如红果果皮中主要含有辣红色素、叶黄素、胡萝卜素和花青素。朝天椒果长一般为3~10厘米，果宽一般为0.7~2.5厘米，果肉厚度为1.0~1.5毫米，单果重一般为3~5克。

朝天椒果实辣味浓度主要由品种遗传特性决定，与椒果辣椒素含量成正比，一般朝天椒椒果的辣椒素含量为0.3%~0.9%。朝天椒果实中含有挥发性香油精，形成特殊的辣椒香味，香味浓度大小与椒果香油精多少成正比。辣椒香味与辣度无关，一般情况下，辣度高的品种香味较淡，辣椒籽多的品种香味较浓。

（六）种子

朝天椒种子扁平，为短肾形，黄色或淡黄色。种子大小因品种不同而略有差异，一般长3~3.5毫米，宽2.5~3毫米，厚约1毫米，千粒重为4~7克。朝天椒种子主要着生在胎座上，少数种子着生在种室隔膜上；朝天椒的胎座不发达，种子腔很大，种室2~3个，不同品种的椒果中种子数量差异很大，一般在40~130粒。种子寿命为3~5年，生产上所用的种子一般为1~2年。新鲜的种子有光泽，随着储存年限的增加逐渐失去光泽。

（七）熟性

熟性是指作物生长发育快慢或成熟早晚的特性。朝天椒品种熟性主要以始花节位或者定植到采收红熟椒的时间长短划分，具体见表2-1。

表2-1　朝天椒品种熟性划分

熟性	划分依据	
	始花节位	定植到采收时间
极早熟品种	8节以下	65天以下
早熟品种	8~12节	65~80天
中熟品种	12~16节	80~100天
晚熟品种	16~20节	100~120天
极晚熟品种	20节以上	120天以上

（八）生育时期

朝天椒生育时期可以分为播种期、出苗期、现蕾期、开花期、坐果期、转色期、熟期、完熟期等8个时期。朝天椒生育期的长短因品种、气候及栽培方式的不同有较大差别，一般为200~230天。

（九）生育阶段

朝天椒生育阶段一般分为发芽期、幼苗期、开花坐果期、结果期等 4 个阶段。

1. 发芽期

发芽期是指从播种到出苗的这段时间，在环境适宜的条件下一般需要 10~12 天。这一阶段幼苗由异养过渡到自养，开始吸收养分制造营养物质，生长量比较小。管理上应促进种子迅速发芽出土，减少发芽出土过程中种子内养分的消耗，促使幼苗尽快转入自养；如果发芽出土时间过长，种子内养分消耗过多，极易因营养不良形成弱苗。朝天椒发芽出土快慢，主要取决于苗床或直播椒田的温度、湿度及通气状况。在适宜温度范围内，温度越高发芽出苗越快；土壤通气良好发芽出土快，若床土太湿易引起烂籽缺苗。另外，成熟度高的饱满种子发芽快，出苗整齐，幼苗长势强；成熟度差的种子发芽慢，出苗不整齐，幼苗长势弱；新种子发芽出苗快，陈种子发芽出苗慢。因此，要选用饱满充实的新种子。

2. 幼苗期

幼苗期是指从第一片真叶出现到第一朵花现蕾这段时间。幼苗期是朝天椒营养生长的关键时期，其长短受苗期的环境条件和品种熟性影响，一般早春小拱棚育苗朝天椒幼苗期为 80~90 天，春露地直播朝天椒幼苗期为 50~60 天。一般将株高与茎的直径比值作为判断幼苗是否健壮的主要指标，比值越大表明幼苗越细弱，比值越小表明幼苗越粗壮；比值过小也可能是因为幼苗老化。不同品种、不同生长阶段，幼苗的株高、茎的直径比值差异很大，应分品种制定不同生长阶段的正常比值标准。

3. 开花坐果期

开花坐果期是指从第一朵花现蕾到第一朵花坐果这段时间，一般为 13~15 天。开花坐果期与朝天椒产量有密切关系，此期间如果授粉受精不良，易落花落果，严重影响产量。此期间温度过高或过低，会降低花粉活力，使授粉受精不能正常进行而影响坐果。如果持续高温或者干旱，应及时补足水分，降低地温及株间温度；如果土壤积水，应及时排涝。另外，土壤肥沃，植株生长健壮，则花器饱满，坐果率高；土壤贫瘠，植株生长营养不良，则易落花落果。

4. 结果期

结果期是指从第一朵花坐果到成熟这段时间。一般一个椒果从坐果到成熟约 40 天，常分为膨大阶段、转红阶段和成熟阶段。膨大阶段是指从坐果到椒果绿熟，一般为 20 天；此阶段果实重量和体积迅速增加至完成形态发育，然后椒果体积停止膨大，果实变硬，呈现深绿色，达到绿熟。转红阶段是指从椒果绿熟到红熟，一般需要 10~13 天；此阶段椒果皮中叶绿素含量逐渐减少，辣椒红色素含量逐渐增加，果实一般由青转紫，由紫转红，体积不再增加，果实内含物仍在充实，直到果皮中叶绿素、花青素全部消失，整个椒果全部变红。成熟阶段是指从红熟到完熟，一般需要 7~10 天，主要是进一步增加椒果的干物质积累；完熟主要特征是种子充分发育，种胚具有繁衍后代的能力，繁育种子的椒果需要在完熟后收获。结果期是朝天椒产量形成的关键时期，也是营养生长与生殖生长矛盾最突出时期，这一段时间需要通过水肥管理等农艺措施，改善田间生态环境，协调营养生长和生殖生长的关系，保证植株的良好长势。

三、朝天椒的栽培环境条件

（一）温度

温度是影响朝天椒生长发育的一个基本因素，朝天椒不同生育期对温度的要求不同。一般来说，朝天椒种子发芽适宜温度为 25~30℃，在此温度下 4~5 天就可以发芽；低于 15℃，种子发芽缓慢；高于 35℃，种子发芽受到抑制。出芽后（幼苗期）温度白天维持在 20~25℃，夜间 15~18℃，保持昼夜温差，防止幼苗徒长。茎叶生长期白天27℃左右，夜间20℃左右，此阶段主要防止植株徒长影响正常开花结果。开花结果期适宜温度，白天维持在20~27℃，夜间15~20℃；低于15℃植株生长缓慢，难以授粉，易引起落花落果；高于35℃，花器发育不全或柱头干枯，容易受精不良，造成落花落果。果实发育和转色期温度为25~30℃，高于30℃、低于15℃不利于着色。另外，不同品种对温度的要求也有一定差异，大果型品种多数比小果型品种更不耐高温。

（二）湿度

湿度也是影响朝天椒正常生长发育的一个重要因素。一般来说，朝天椒生长要求空气相对湿度为50%~65%。朝天椒幼苗期空气相对湿度过大，容易引发病害；初花期湿度大会造成落花，盛花期空气过于干燥也会造成落花落果，湿度小则影响花器官发育；土壤水分多，空气湿度大，易发生沤根，叶片、花蕾、果实黄化脱落；若遭水淹没数小时，将导致成片死亡。

（三）光照

朝天椒为中光性作物，对光周期要求不严格，不论日照时间长短，只要温度和营养条件适宜，都能进行良性生长。朝天椒种子在黑暗条件下易发芽。幼苗期生长需要足够的光照，光照充足，幼苗节间短、茎粗壮、叶片肥厚、颜色浓绿、根系发达，抗逆性强，不易感病；光照不足，则幼苗节间长、茎细、叶薄、色淡，抗逆性差。朝天椒光合作用的光补偿点为1 500勒克斯，光饱和点为30 000勒克斯。因此，成株期需要在满足光补偿点并且不超过光饱和点的前提下，尽量增加光照；此阶段光照不足往往造成植株徒长，茎秆瘦长，叶片薄，花蕾、果实发育不良，容易出现落花、落果、落叶现象。但是在夏季，当光照强度超过朝天椒光饱和点时，易引起叶片干旱，生长发育受阻，气孔关闭，光合作用反而下降，甚至造成叶片灼伤。为了缓解露地夏季强光对朝天椒生长带来的影响，可采用朝天椒玉米套种、朝天椒芝麻套种等模式，这样既提高了作物的光能利用率和复种指数，也在一定程度上为朝天椒生长提供了有利条件，减轻其灼伤现象。

（四）水分

朝天椒不耐涝，比较耐旱，但由于根系较小，需经常保持适当的水分才能长势良好，要求土壤含水量在 15%~25%，田间持水量在 60%~80%。一般大型果品种需水量较大，小型果品种需水量较小。朝天椒种皮较厚、吸水较慢，故栽培上要浸种催芽，通常种子浸于水中 8~12 小时，充分吸水后可促进发芽。从定植到开花结果，土壤水分要稍微少些，以避免茎叶徒长；初花期，由于植株生长量大，需水量随之增加，特别是在果实膨大期，需要供给充足的水分；结果期，是需水量最大的时期，如果这段时间水分不足，果实就会发育不良，产量将大大降低。

（五）养分

朝天椒比较耐瘠薄，对地质要求不严格，适应性广，沙土、黏土、壤土地均可种植，但盐碱地上生长不良，土壤的适宜 pH 值为 6.5~8。朝天椒对氮、磷、钾肥料均有较高的要求，对氮的需求最多，占 60%；钾次之，占 25%；磷占 15%。此外还需要吸收钙、镁、铁、硼、钼、锰等多种微量元素。一般来说，朝天椒幼苗期需肥量较少，但养分要全面，否则会妨碍花芽分化，推迟开花和减少花数；初花期多施氮素肥料，会引起徒长而导致落花落果，枝叶嫩弱，诱发病害；结果期需要充足的氮、磷、钾养分，以增加种子的千粒重。

第三部分　朝天椒单一栽培模式

一、育苗

（一）茬口安排

朝天椒传统育苗方式大多为小拱棚育苗，苗龄在 60～70 天。根据不同的茬口安排相应的育苗时间，如河南，春茬朝天椒育苗可于 3 月上旬播种，小麦或大蒜套种朝天椒应于 3 月上中旬播种育苗，大蒜茬、油菜茬朝天椒应在 3 月中下旬播种育苗，小麦茬朝天椒应于 3 月下旬至 4 月上旬播种育苗。

（二）苗床整理

朝天椒育苗，应选择地势平坦、土壤肥厚、背风向阳、排灌方便、不积水、前茬作物不是茄科、不受禽畜危害、离农户较近、便于管理的地块作为苗床进行育苗。育苗苗床面积按 15～20 平方米/亩计算，苗床用种量 110～150 克/亩。在整理苗床时，每亩苗床施入充分腐熟的猪粪、牛粪、堆肥等有机肥 3 500～5 000 千克，三元复合肥（N-P-K 为 15-15-15）40 千克，50% 的多菌灵可湿性粉剂 5～6 千克，禁止用尿素和碳酸氢铵。结合施肥，施入适量的 5% 辛硫磷颗粒剂防治地下害虫，然后深翻，细耙平整。播种后覆盖透明地膜，并在晚上覆盖草苫，以增加地温。

（三）种子消毒

没有包衣的种子在播种前要经过消毒处理，有包衣的种子可以直接播种。一般用35%的福尔马林100倍液浸种25分钟捞出后，将种子闷2小时，再用清水冲洗1~2次，无药味时再进行浸种催芽或晾干播种，可防治疮痂病、早疫病，对猝倒病、立枯病、炭疽病和灰霉病有防治效果。或者用70%的敌磺钠（敌克松）可溶粉剂拌种，用药量为种子重量的0.3%，可防治立枯病、细菌性叶斑病。亦可用50~55℃的热水烫种15分钟，水量为种子量的5倍，要不断搅拌，使种子受热均匀，待水温降至30℃时即可捞出播种，可防治疮痂病和菌核病。

（四）种子播种

种子播种期要与移栽期相适应，以保证在适宜的移栽期内有足够合格的椒苗移栽。播种前苗床先浇透水，底墒水层应高出畦面10厘米以上，待水完全下渗后，先撒一层过筛细土，以免泥浆影响种子翻身出土，然后均匀播撒种子。为了确保播种均匀，播种可分2次撒播。播种量依照种子发芽率而定，每亩用种100~150克。播后用过筛细土覆盖，覆土厚薄要均匀，以0.7~1厘米厚度为宜。然后覆盖地膜，在苗床上扣宽1.5米、高1.2米以上的小拱棚。

（五）苗期管理

播种后的苗床管理，要注意温度、湿度、光照等环境条件的控制。其中温度管理是培育壮苗的关键措施。为了早出苗和出苗整齐，出苗前要保持较高温度。白天35℃以下不放风，夜间小拱棚上覆盖草苫，温度保持在15~18℃。注意观察幼芽出土情况，当50%幼芽出土后，及时揭去地膜。出苗后，白天温度保持在20~25℃，晴天中午注意放风，注意变换风口位置，使苗床各个部位温度保持一致，夜温保持在15℃左右。4月下旬断霜后揭去棚膜。苗床不缺墒不浇水，必须浇水时，可用喷壶洒水，水量以刚刚润湿根部为宜，不可大水漫灌。洒水后注意放风，降低棚内湿度。定植前一般不再追肥，若苗床肥力不足，可叶面喷施0.3%尿素溶液和0.3%磷酸二氢钾溶液。

做好间苗覆土。当秧苗株高长到2厘米以上时，在床土不缺墒的情况下，可在上午10时左右叶片没有露水时，在畦面上覆盖0.5厘米厚的细干土。10~15天后，先浇一次小水，再覆一次0.5厘米厚的细干土，使苗床达到上干下湿的状态，这样不仅能防止秧苗徒长，还可有效预防猝倒病的发生。间苗一般分2次进行。第一次在子叶充分展开时把稠苗间稀，苗距为1.0~1.5厘米；第二次在2~3片叶时，苗距为3~4厘米，结合间苗要拔出杂草，并注意间除病弱苗。

（六）蹲苗、炼苗

椒苗移栽前10~15天要适当控水，加强通风，逐渐降低温度进行炼苗、蹲苗。秧苗长出4片真叶后逐渐放风炼苗，使苗床温度逐步降低到白天15~20℃，夜间5~10℃。炼苗时间不能过长，更不能控水过干，降温过低，以免幼苗僵化或受寒害。炼苗要逐渐加大放风量，直至掀开棚膜，拆除拱棚支架。到4月中旬，幼苗株高20厘米左右，苗龄60天左右，幼苗具有10~14片真叶时，即可移栽。蹲苗在起苗前开始，及时通风，保持适宜温度，防止徒长。在起苗移栽前一天，先在苗床内浇透水，带土移栽，移栽后缓苗快，成活率高，能提前开花结果。

（七）苗期病虫害防控

朝天椒苗期主要病害有炭疽病、立枯病、黑斑病、枯萎病等，冻害和烧伤在苗期也经常发生。在高温高湿的情况下，易发生炭疽病和黑斑病；在天气寒冷、阴雨连绵、苗床湿度过大时，易发生立枯病、枯萎病。因此，要加强管理，控制苗床温湿度，应注意保持经常性揭膜换气，保证通风透气良好。若发病，可用70%多霉灵可湿性粉剂800~1 000倍液，或50%多菌灵可湿性粉剂 500~800 倍液，或 75%百菌清水粉散粒剂 600~800 倍液，喷施 2~3 次。主要虫害有蝼蛄、蚯蚓、地老虎等，可以用 90%敌百虫原药 100 克加水适量化开，掺入 8~10 千克炒香的饼粉或玉米糁拌和均匀，于傍晚撒于苗床四周进行防治。

二、整地施肥

朝天椒生长对土壤条件要求不严格，在瘠薄、干旱的山地均可种植，但是地势低洼的盐碱地和质地较黏重、板结严重的土壤不利于朝天椒的生长。以土壤的酸碱度而言，适宜朝天椒生长的土壤酸碱度为微酸性或中性。朝天椒种植每亩需要施腐熟有机肥 4 000~5 000 千克、复合肥（N-P-K 为 15-15-15）50 千克、硫酸钾 25 千克，化学肥料沟施于小垄中间。结合整地施肥，每亩撒施 3%辛硫磷颗粒剂 2~3 千克防治地下害虫。在施肥沟上做垄，垄宽 30~40 厘米，高约 25 厘米，垄间距 50 厘米左右，在垄上覆盖地膜。

三、大田定植

河南朝天椒一般在 4 月中旬至 5 月初定植。簇生朝天椒定植时要保持窄行距 40 厘米，宽行距 50 厘米，株距 18~20 厘米，每畦种 2 行，一般亩定植 7 400~8 200 株，也可依据不同朝天椒品种的生长特性确定定植密度。单生朝天椒长势旺，相对稀植，一般要求垄宽 1. 5~1. 7 米（即沟与沟的间距），株距 50~65 厘米，每亩种植苗数 1 200~1 800 株。杂交一代品种生长势旺，分枝能力强，应适当稀植；常规品种生长势弱、分枝能力差，可密植。杂交品种多采用单株定植，常规品种则可采用双株定植。定植前一天，将苗床浇一次透水以利起苗，在多云或晴天下午定植。定植后需立即浇水，以保证幼苗成活率。

四、田间管理

定植后一周内及时查漏补栽，要逐块逐行检查，当发现缺苗时，随即栽苗，补栽的秧苗苗龄可稍大些，使全田生长基本整齐。补栽后及时浇水。补苗的原则是“宁早勿晚”。当补栽的苗成活后，若补栽的苗小，要及时施肥水，使补栽苗尽快赶上正常定植苗，达到生长一致。

当植株顶部出现花蕾时及时摘心，从而限制主茎生长，增加侧枝数，提高单株结果率，提高单株产量。摘心迟，影响侧枝生长。浇水定植缓苗后，一般 5~7 天浇一次水，保持土壤有干有湿。植株封垄后，田间郁闭，蒸发量小，可 7~10 天浇一次水。有雨时不浇，保持土壤湿润即可，雨后要及时排水。进入果实转红期，要减少或停止浇水，防止贪青，促进果实转红，减少烂果。

定植后到结果初期，是朝天椒生长较快的一个时期，应结合浇水进行第一次追肥，每亩施入尿素 10~15 千克，促进茎叶旺盛生长。摘心打顶后，进行第二次追肥，亩施尿素 15~20 千克或复合肥 20~25 千克，以促进侧枝生长，促使植株及早封垄。侧枝坐果后，进行第三次追肥，促进果实膨大，每亩沟施尿素 5 千克、磷酸氢二铵 10 千克、硫酸钾 10 千克。生长后期，根系活力下降，吸肥能力减弱，可进行根外追肥，可喷洒 0.4%磷酸二氢钾溶液，促进开花结果；若叶色发黄可喷 0.5%~1%尿素水溶液。叶面施肥应选择阴天或傍晚喷施，以利于植株吸收。

五、果实采收

朝天椒一般从开花到果实成熟时间为 50~65 天，要注意在椒果转红后其并未完全成熟，需要再等 7 天左右。当果皮色泽深红，手摸果实发软时，才可进行采收。

如朝天椒为“艳椒”系列等单生品种，其果实成熟时间不一致，一般采用分批采收，先采收下部成熟的果实，之后依次向上采收。如朝天椒为“三樱椒”类型的簇生品种，则可采用一次性整株采收的方法，采用人工或机械将朝天椒整株拔出或割倒，平放在田间晾晒 3～4 天，其间可用竹竿等挑起翻面。其目的是将椒果的含水量由收获时的 50%～70%降低到 18%～20%。在晾晒过程中要防止椒果发霉变质、褪色或破损。在田间晾晒之后，便可将朝天椒整株拉走，进行集中采摘。

目前已有农机厂家研发出针对辣椒的联合收获机械，可以实现机械脱摘，将椒果直接收入采集箱，这样每亩可以节约 600 元左右的人工费用。但由于朝天椒的品种特性，机械采收在现阶段还存在漏摘率和破损率高、采收的椒果杂质率高等问题，因此没有大面积推广，但机械采收仍是朝天椒产业发展的必然趋势。

第四部分　朝天椒间作套种栽培模式

一、粮食作物–朝天椒套种模式

（一）小麦–朝天椒套种

1. 地区分布

河南省为我国小麦生产第一大省，小麦–朝天椒间作套种模式在河南省最为普遍。据统计，河南省朝天椒种植区目前80%以上采取麦垄套种朝天椒栽培模式，在豫东、豫北、豫中等平原地区和粮食主产区，大量采用此种套种模式。

2. 品种选择

朝天椒多选用抗病性强、抗逆性好、品质优、产量高的簇生型品种，如三樱系列、望天红系列等。小麦选用早熟、矮秆、抗病、抗倒伏、丰产、优质的品种，如矮抗58等。

3. 栽培时间

小麦10月初播种，生长期至次年6月初。朝天椒次年2月下旬或3月上旬育苗，4月下旬或5月上旬定植，9月底或10月初采收。两者共生期30~35天。

4. 栽培方式

小麦–朝天椒间作套种模式一般采用“3–2”式或“2–2”式，即3行小麦或2行小麦套种2行朝天椒。“3–2”式一般畦宽90厘米，留大畦埂，畦中间种植3行小麦，垄上移栽2行朝天椒，朝天椒种植靠垄两边，行距 30 厘米，穴距 25 厘米，每穴 2 株。“2-2”式一般畦宽 100 厘米，小麦 2 行，行距 20 厘米；朝天椒 2 行，行距 40 厘米；朝天椒行与小麦行间距 20 厘米。

5. 经济效益

由于空行的边际效应，小麦可以充分通风透光，产量可达 450 千克/亩；朝天椒密度 10.5 万~12.0 万株/公顷，产量约 5 400 千克/公顷，效益约 7.2 万元/公顷。

（二）玉米-朝天椒套种

1. 地区分布

玉米在河南省也是作为主要农作物而广泛栽培，在豫东和豫北地区均有一定面积的玉米和朝天椒间作套种。

2. 品种选择

朝天椒多选用豫樱系列和三樱系列等簇生型品种。玉米选用大棒、竖叶型品种，如豫单 9953 和滑玉 12 等。

3. 栽培时间

朝天椒与玉米间作套种可春栽，或选择大蒜茬、油菜茬和小麦茬栽培。朝天椒春栽于 2 月下旬至 3 月上旬播种，油菜茬、大蒜茬栽培于 3 月下旬播种，小麦茬栽培播种时间为 3 月下旬至 4 月上旬，苗龄 60~70 天。玉米在 5 月底至 6 月初播种。

4. 栽培方式

玉米-朝天椒间作套种模式选择 2.3 米或 2.6 米作为一个播带，种植 6 行（2.3 米）或 7 行（2.6 米）朝天椒和 1 行玉米。朝天椒株距 20 厘米、行距 30 厘米，玉米株距 20 厘米。

5. 经济效益

从柘城县的推广应用经验来看，与朝天椒单作相比，该间作套种模式下朝天椒产量相差不大，但品质优、色度好、花皮少，且可以增收玉米 3 000~4 500 千克/公顷。

（三）小麦-朝天椒-玉米套种

1. 地区分布

该间作套种模式分布区域广泛，如豫北的内黄县、豫东的柘城县等。

2. 品种选择

小麦要选用高度适中、中早熟的半冬性品种，同时要求品种具有抗倒能力强、株型紧凑不炸垄、边行优势强等特点。朝天椒品种选择以高产优质、经济效益高为目标，以抗病性强、抗逆性好、品质优、产量高、易采收的品种为宜。玉米要选用抗倒伏、叶片上冲、株高适中的品种。

3. 栽培时间

小麦播期为 10 月 15~25 日。朝天椒在次年 3 月上旬开始育苗、5 月上旬定植，苗龄约 60 天。玉米在次年 5 月底点播。

4. 栽培方式

小麦-朝天椒-玉米间作套种模式一般采用“3-2-1”式，即 3 行小麦、2 行朝天椒和 1 行玉米间作。小麦播种时按畦宽 90 厘米做畦，留大畦埂，畦中间种植 3 行小麦，垄上移栽 2 行朝天椒，2 垄朝天椒间作 1 行玉米。朝天椒种植靠垄两边，行距 30 厘米、穴距 25 厘米，每穴 2 株。玉米行距 1.8 米、株距 50 厘米，点播于麦垄上。

5. 经济效益

通过试验示范，该模式下小麦、朝天椒和玉米产量分别可达到 5 900 千克/公顷、5 000 千克/公顷、6 200 千克/公顷，收入在 7 万元/公顷左右。

二、蔬菜-朝天椒套种模式

此种模式主要有大蒜-朝天椒套种。

1. 地区分布

该间作套种模式主要分布于安阳市内黄县、开封市杞县、郑州市中牟县等河南省大蒜主产区。

2. 品种选择

大蒜选用早熟性好、品质优、抗逆性强、蒜头大、产量高、蒜薹上市早的杂交蒜品种。朝天椒选用辣度高、适应性广、早熟性好、产量高、成熟集中、抗病性强、红果率高、烂果少的品种。

3. 栽培时间

大蒜最佳播期为 10 月 2 日至 10 日，次年 5 月上旬采收蒜薹，5 月中下旬采收蒜头。朝天椒于次年 3 月上旬播种育苗，5 月中下旬收获大蒜后立即定植，在当年霜降前收获完毕。

4. 栽培方式

大蒜畦宽 80 厘米，每畦种植 5 行大蒜，株距 8~10 厘米，两畦间留畦埂宽 20 厘米、高 15 厘米。在畦埂两边第 1 行和第 2 行大蒜中间栽培 1 行朝天椒，朝天椒行距 80 厘米、穴距 20 厘米，单株栽培，栽植密度 5.25 万~6.75 万株/公顷。

5. 经济效益

2018 年，该技术模式在内黄县推广面积约 4 000 公顷。经验收，示范田内大蒜和朝天椒的产量、品质均明显提高，农民收入显著增加，效益增加 15 000 元/公顷以上。

三、水果-朝天椒套种模式

（一）早春西瓜-朝天椒（大棚）套种

1. 地区分布

河南省以安阳市内黄县为代表的水果和朝天椒种植区，逐步推广早春茬大棚西瓜和朝天椒间作套种栽培。

2. 品种选择

西瓜应选择早熟、优质、抗病能力强的中果型品种。朝天椒选择分枝性好、红果时间适中的品种。

3. 栽培时间

早春茬西瓜于 1 月下旬开始播种育苗，2 月底至 3 月初进行定植，5 月上中旬采摘。朝天椒于上年 12 月上旬在日光温室内育苗，2 月底定植，6 月初开始采摘，下霜前采摘结束。

4. 栽培方式

早春西瓜-朝天椒（大棚）间作套种模式采取“棚膜+二膜+双拱棚+地膜”五膜覆盖栽培。整地起垄后覆盖地膜，两垄脊间隔 1.8~2.0 米，垄高 15~20 厘米，每垄栽种 1 行西瓜，株距 33 厘米。朝天椒定植在两个小拱棚之间，株距 50 厘米，种植密度在 13 500 株/公顷左右。

5. 经济效益

西瓜一般在五一劳动节前后上市，产量可达到 60~75 吨/公顷，收入在 15 万~22.5 万元/公顷。朝天椒 6 月上旬开始收获，可采收至霜降前后，产量在 37.5 吨/公顷左右，收入在 22.5 万元/公顷以上。两种作物合计收入可达到 37.5 万~45.0 万元/公顷。

（二）西瓜/甜瓜-朝天椒（露地）套种

1. 地区分布

该间作套种模式主要分布于以商丘市柘城县为代表的豫东地区。

2. 品种选择

普通西瓜选用华晶 3 号、天骄等早熟品种，小型西瓜选用黑美人、特小凤等品种，无籽西瓜选用黑蜜 5 号、昌蜜 6 号等品种。朝天椒选用植株高大、生长势强、椒果单生的品种，如柘椒 1 号、豫欣 12 号等。黄色光皮型厚皮甜瓜选用中甜 3 号、皇帝等品种，薄皮型甜瓜可选用天蜜 3 号、白玉满堂等品种。

3. 栽培时间

西瓜和甜瓜于 3 月下旬播种育苗，苗龄 35 天左右，4 月底进行定植，6 月初开始大量上市。朝天椒在 2 月下旬至 3 月初播种育苗，5 月初定植，苗龄 60 天左右。

4. 栽培方式

西瓜（甜瓜）-朝天椒（露地）间作套种模式选择南北走向的地块。西瓜与朝天椒间作套种时，以 2 米宽为一个种植条带，栽植 1 行西瓜，东西行向，株距 40 厘米，密度约 12 000 株/公顷，小拱棚加地膜覆盖，瓜蔓向南生长；朝天椒定植于西瓜行之间，南北行向，地膜覆盖，行长 144 厘米，行距 40 厘米，株距 14~18 厘米，每行栽 9~11 株，密度 11. 25 万~13. 65 万株/公顷。甜瓜与朝天椒间作套种时，以 1. 4 米宽为一个种植条带，栽植 1 行甜瓜，采用小拱棚加地膜覆盖，株距 40~50 厘米，定植 13 320~16 650 株/公顷；朝天椒栽植 4 行，与甜瓜行向相同（间距 25 厘米），地膜覆盖，行距 30 厘米，株距 20~25 厘米，定植 114 330~142 920 株/公顷 。

5. 经济效益

该模式下，西瓜产量可达 45 吨/公顷（甜瓜产量约 37. 5 吨/公顷），朝天椒产量可达 5 250 千克/公顷，产值近 15 万元/公顷，经济效益显著。

四、经济作物-朝天椒套种模式

（一）油用牡丹/药用牡丹-朝天椒套种

1. 地区分布

该模式主要在豫西丘陵地区推广。自 2011 年牡丹籽油被列为新资源食品以来，油用牡丹在以洛阳市孟津区和新安县为代表的豫西丘陵地区广泛种植，而该地区的朝天椒产业也有一定基础，这两种作物的种植区域存在一定的重叠性和互补性。药用牡丹主要使用其根皮入药，称为亳丹皮。在商丘市睢阳区和安徽亳州市等地区种植面积较大，但定植后需要 4~5 年才能收获，土地利用率较低，因此套种朝天椒可增加前期收益。

2. 品种选择

油用牡丹选择成花率高、结实性强、抗旱性较好的紫斑系列油用牡丹品种，肥水条件较好的地块，可选择丰产性好的凤丹类油用牡丹品种。朝天椒选择植株紧凑、采收期集中、干椒率高的中晚熟品种，如郑抗满天红、豫艺新一代等品种。药用牡丹以亳牡丹、铜陵凤丹、甘肃紫斑牡丹为主。

3. 栽培时间

牡丹为多年生木本植物，一次定植可以多年采收，而朝天椒为每年定植每年采收，所以间作套种时前三年栽植管理稍有不同。第一年 9 月下旬至 10 月上旬，选择二至三年生牡丹幼苗栽植。第二年，朝天椒在 3 月上旬进行小拱棚育苗，4 月下旬至 5 月上旬定植。此时牡丹已坐果，进行农事操作已无影响；且牡丹幼苗正处于缓苗阶段，生长量小，不影响朝天椒栽培生长。10 月，朝天椒拔棵采收，牡丹平茬养根促发枝。第三年，油用牡丹于 3 月选留侧枝，朝天椒于 4 月下旬至 5 月上旬定植、10 月采收。此后，每年的操作大体相同。牡丹最佳采收时间为每年 8 月上旬，朝天椒可于 10 月霜降前集中拔棵，经晾晒后统一采摘。

4. 栽培方式

牡丹一般定植株距 40 厘米、行距 80 厘米，或株距 30 厘米、行距 90 厘米。栽植后，要注重修剪。第一年和第二年秋季平茬；第三年春季新芽长至 10 厘米左右时，选留健壮、充实、分布均匀枝作为主要枝干，其余全部剪掉；每年或隔年继续选留 1～2 个新芽作为枝干培养，使株丛逐年扩大和丰满。最终，每株牡丹选留 8～10 个主枝基本完成植株形态构建。牡丹定植第二年，在牡丹行间种植 2 行朝天椒，朝天椒行距 40 厘米、株距 25 厘米，两侧距离牡丹 20 厘米；牡丹定植第三年起，由于牡丹植株长大，行间只种植 1 行朝天椒。另外，还可在 2 月中旬，于每 2 行油用牡丹中间种植 1 行马铃薯，株距 20 厘米，覆地膜种植，6 月初马铃薯收获后定植朝天椒。

5. 经济效益

该模式下，油用牡丹前两年平均每年可收获朝天椒干椒 3 000 千克/公顷，收入 4.50 万~5.25 万元/公顷；自第三年起，平均每年可收获牡丹籽 4 500 千克/公顷、朝天椒 1 500 千克/公顷，收入可达 9 万元/公顷左右。药用牡丹第四年或第五年平均亩产亳丹皮 300 千克，亩收入 8 000 元左右。

（二）油葵-朝天椒套种

1. 地区分布

该模式分布区也主要在豫西丘陵地带。油葵作为一种耐旱、耐瘠薄的高秆油料作物，适宜在丘陵旱地种植。油葵与朝天椒间作套种，可利用油葵为朝天椒遮阴防病，提高产量，改善品质；同时能促进油葵增收，提高土地利用率。

2. 品种选择

采用油葵-朝天椒间作套种模式，油葵应选择生育期短的中早熟品种，缩短油葵和朝天椒的共生期，保证油葵在朝天椒转色前基本采收结束，以利于朝天椒正常着色，提高产品质量，增加经济收入。朝天椒选择适合豫西丘陵地区栽植的品种。

3. 栽培时间

朝天椒于 2 月上中旬进行小拱棚育苗，4 月下旬定植，10 月霜降前收获。油葵在 5 月上旬直播，生长期 90~110 天，当葵盘后壳变黄、籽粒外壳变黑、籽仁变硬、茎秆中部叶片枯死时即为成熟，应及时收获。

4. 栽培方式

朝天椒行距 40 厘米、株距 25 厘米，油葵采用宽行套种直播于朝天椒行间。苗成功等的研究表明，油葵行距 2.0 米、株距 40 厘米时，朝天椒产量最高。应注意的是，在该间作套种模式下，油葵行距较大，需要配合人工辅助授粉，才能保证较高的结实率和产量。

5. 经济效益

采用该间作套种模式，朝天椒干椒产量可达 3 150 千克/公顷以上，比单独种植增产近 10%。加上油葵，综合产值可增加近 4 500 元/公顷。

（三）小麦–朝天椒–芝麻套种

1. 地区分布

该模式主要分布于以漯河市为代表的豫中地区和以焦作市为代表的豫北地区。

2. 品种选择

小麦选用矮秆早熟品种，如矮抗 58、豫麦 158 等；朝天椒选用株高适中的簇生型品种，如三樱 8 号、豫樱 2 号等；芝麻选用单秆型、茎秆粗壮、抗倒伏、株型紧凑的品种，如漯芝 16 号、漯芝 21 号等。

3. 栽培时间

小麦在 10 月上旬播种，次年 6 月上旬收割。朝天椒于次年 2 月下旬育苗，4 月下旬至 5 月上旬定植，9 月下旬至 10 月上旬果实全部变红时采摘收获。芝麻于次年小麦收获后抢时播种，播种时间最迟不超过 6 月 10 日，在 9 月上旬下部叶片全部脱落、蒴果开裂时收获。

4. 栽培方式

以 120 厘米宽为一个种植条带，播种 3 行小麦，幅宽 40 厘米，预留 80 厘米空当。次年在预留空当内栽植 2 行朝天椒，行距 40 厘米，距小麦 20 厘米。在小麦收获后形成的空当内播种芝麻，每间隔 4 行朝天椒播种 1 行芝麻，形成 4 行朝天椒、1 行芝麻的种植模式。

5. 经济效益

采用该模式，平均产值为 7.5 万~9.0 万元/公顷。芝麻作为高秆作物，可为朝天椒提供荫蔽环境，减少果期日灼病的发生，从而提高椒果品质。

（四）朝天椒-棉花套种

1. 地区分布

近年来，受农村劳动力短缺、植棉成本偏高、机械化程度低等因素影响，传统棉花产区如山东、河南等地生产呈现下滑态势，而新疆地区由于气候较干燥、昼夜温差大、气温低而病虫害较少、土地集中连片等优势，成为我国棉花的种植中心。目前，河南商丘、周口部分地区还保持了棉花种植区，在这些地区可以进行朝天椒和棉花的间作套种。

2. 品种选择

棉花品种宜选用德棉 10 号、德棉 16 号，鲁棉研 37 号等综合性状优良、抗病抗倒伏、高产优质易管理的品种。辣椒品种宜选用三樱椒、博辣天骄、艳红等簇生朝天椒品种。

3. 栽培时间

辣椒 3 月初育苗，5 月初定植，9 月上旬收获；棉花 4 月下旬播种，分别于 10 月初至 10 月底收获籽棉。

4. 栽培方式

采用“2-1”模式或“3-2”模式。“2-1”模式：棉花大小行种植，大行距 100 厘米，小行距 50 厘米，种植密度为 3 000～3 500 株/亩，棉花大行中间种植 1 行朝天椒，朝天椒种植密度为 8 000～10 000 株/亩。“3-2”模式：棉花等行距种植，行距 76 厘米，种植密度为 3 500～4 000 株/亩，3 行棉花后种植 2 行朝天椒，朝天椒行距以及棉花与朝天椒间距均为 50 厘米，朝天椒种植密度为 8 000～10 000 株/亩。次年需在同一地块种植时，棉花、朝天椒可倒茬种植。

该模式是生产上传统的棉花-朝天椒大小行间作的种植模式，“3-2”模式是在“2-1”模式的基础上创新发展而来，有利于机械化操作，减少人工成本的投入，提高田间管理效率。

5. 经济效益

实践表明，采用朝天椒-棉花套种模式，其综合产值为单种棉花的 5 倍左右，经济效益明显。

五、粮食作物-经济作物-蔬菜-水果-朝天椒套种模式

（一）小麦-朝天椒-西瓜-甘薯套种

1. 地区分布

该模式主要分布于周口市西华县西华营镇、艾岗乡、聂堆镇及周边地区，面积约 3 333 公顷。

2. 品种选择

小麦选用高产、抗倒伏的周麦、百农系列品种，西瓜选用新机遇、美都等大果型长花瓜品种或黑无籽系列品种，朝天椒选用豫樱 2 号、天宇等簇生型品种，甘薯选用商薯 19 等淀粉鲜食两用品种。

3. 栽培时间

小麦于 10 月下旬播种；西瓜于次年 4 月上旬育苗，4 月底至 5 月初定植，7 月初至 8 月初采收；朝天椒于次年 3 月上中旬育苗，4 月底至 5 月初定植，9 月下旬采收；甘薯于次年 6 月中旬小麦收获后定植，10 月下旬采收。

4. 栽培方式

以 3.6~3.7 米宽为一个种植条带，播种 12 行小麦，行距 20 厘米，预留 1.2~1.3 米空当。预留空当内定植 2 行西瓜、2 行朝天椒，西瓜行距 40 厘米、株距 80 厘米，朝天椒行距 50 厘米、穴距 20~30 厘米（每穴 2 株）。小麦收获后，在 2 行西瓜中间定植 1 行甘薯，株距 25 厘米。

5. 经济效益

小麦产量一般为 6 750 千克/公顷，产值约 13 500 元/公顷；

西瓜产量可达 75 吨/公顷，产值在 52 500 元/公顷以上；朝天椒干椒产量约 2 100 千克/公顷，产值在 31 500 元/公顷以上；甘薯产量约 30 吨/公顷，产值可达 24 000 元/公顷以上。综上，采用该模式总产值可达 12 万元/公顷左右。

（二）朝天椒-大蒜-西瓜-花生套种

1. 地区分布

此模式在河南省西瓜、花生产区大面积应用，主要包括郑州市中牟县，开封市通许县、尉氏县，周口市西华县、太康县，商丘市民权县、柘城县等地。

2. 品种选择

大蒜和朝天椒品种选择参考“小麦-朝天椒-西瓜-甘薯套种”模式；西瓜建议选用早熟品种，如汴早露、京欣等，高产品种以丰收 3 号、黑蜜无籽西瓜为佳；花生应选用适应性广、抗病、中熟的大花生品种。

3. 栽培时间

大蒜于 10 月初播种，次年 5 月上旬采收蒜薹，5 月中下旬采收蒜头；朝天椒于次年 3 月上旬播种育苗，在 5 月中下旬收获大蒜后立即定植，当年霜降前收获完毕；西瓜于次年 4 月下旬定植，9 月中旬收获完成；花生于次年 5 月中旬播种，9 月中旬收获。

4. 栽培方式

以 4 米宽为一个种植条带，播种 15 行大蒜，行距 20 厘米，预留 1.2 米空当。在预留空当起 2 垄，垄宽 40 厘米，中间开沟宽 40 厘米，每垄中间种植 1 行西瓜、两侧种植 2 行朝天椒。距朝天椒 80 厘米种植 5 行花生，行距 30 厘米、株距 20 厘米。

5. 经济效益

采用该模式进行栽培，4 种作物总产值可达到 12 万～15 万元/公顷。

（三）小麦-菠菜-朝天椒套种

1. 地区分布

该模式目前在豫北的内黄县、滑县，豫东的柘城县、睢县，豫南的临颍县、邓州市等地都得到应用。

2. 品种选择

小麦选用高产优质品种，如郑麦366、新麦26、万丰269、中麦36等；菠菜选用耐寒能力强的尖叶类型品种或大叶菠菜，如豫艺M24、北极星816、华菠1号、捷胜等；朝天椒选用高产早熟、抗病、高产的优质品种，如新一代、丰抗3号、安椒早辣3号、天骄博辣3号等簇生朝天椒，或艳椒465、艳红系列等单生朝天椒。

3. 栽培时间

朝天椒3月育苗，5月移栽，10月收获；朝天椒收获后播种小麦和菠菜，菠菜于次年3月收获，小麦于次年6月收获，实现周年种植。

4. 栽培方式

按种植带宽90厘米整地，畦面宽60厘米，畦埂宽30厘米，垄高15厘米，畦内60厘米种植3行小麦，畦埂和两侧种植3行菠菜，菠菜收获后畦埂两边栽2行朝天椒，株距20厘米左右。

5. 经济效益

该模式小麦每亩产量为600~750千克，与传统小麦种植产量基本持平。菠菜每亩产量为350~400千克，平均每千克售5元，最高达10元，每亩收益为0.2万~0.3万元。朝天椒每亩干椒产量350~500千克，平均每千克售25元，最高达36元，每亩收益为0.8万~1.2万元。该模式比传统的小麦-玉米栽培模式每亩增收1万元以上。

第五部分　朝天椒生产新技术

一、朝天椒工厂化育苗技术

（一）温室要求

工厂化育苗的设施一般为坚固、抗灾能力强的大型单栋温室或连栋温室，具有避雨、防虫和肥水补给等功能，包括加温系统、降温系统、加湿系统和补光设备等。

（二）基质准备

育苗基质应选用质轻、保水透气性好，含有较多营养物质（有机物质和矿质元素）的材料配制，尽量简化营养液配方和降低营养液供应量，达到降低育苗成本的效果，质量应符合相关标准的要求。选用草炭、珍珠岩及蛭石，草炭、珍珠岩和蛭石体积配比为6∶3∶1，用搅拌机均匀混拌，并使用下列消毒方法进行消毒。

（1）福尔马林消毒：播种前20天，每1 000千克基质加入25～30千克40%福尔马林100倍液，充分拌匀后盖膜密封7天，然后揭膜，晾晒2周后备用。

（2）化学药剂消毒：播种前7天，每1 000千克基质加入25～30克50%多菌灵可湿性粉剂干粉，充分拌匀后盖膜密封2～3天备用。

（三）基质装盘

将配制好的基质的含水量调节至55%~60%，堆置2~3小时使基质充分吸水。人工将预湿好的基质装入穴盘中，保证每个空穴装满基质，装盘后刮平盘面，使每个格室清晰可见。用穴盘规格对应的打孔器，在填装有基质的穴盘每个孔穴中央压穴打孔，深度为0.5~0.8厘米。

（四）种子处理

包衣种子可以直接进行播种，未包衣的种子应按照要求进行物理消毒或化学消毒。

（五）种子播种

使用蔬菜机械化精量播种机进行播种，一穴一粒。以粒径2~4毫米珍珠岩为覆盖材料，采用机械覆盖喷水，直至穴盘底部排水孔有水渗出。

（六）苗期管理

夏初育苗宜采用遮阳网、风机湿帘等设备进行降温，早春育苗宜采用多层覆盖、热水加热系统等设备进行保温。具体温度管理见表5-1。播种后应浇透水，使基质达到最大持水量的80%以上。秧苗出齐后的水肥管理见表5-2。高温季节需要多喷水时，可以喷1次清水，以利于降温、增湿，防止病毒病发生。高温季节秧苗生长较快，易徒长，应视秧苗生长状况分别在1叶1心期、2~3叶期、5~6叶期喷施10~20毫克/升多效唑以控制秧苗徒长。

表5-1　朝天椒苗期温度管理指标

时期	日温/℃	夜温/℃
播种至齐苗	28~30	18~20
子叶平展期	20~23	12~15
第1片真叶生长期	22~25	14~17
成苗期	27~30	17~20
炼苗期	15~18	11~14

表 5-2　朝天椒苗期管理适宜水肥指标

幼苗发育时期	空气相对含水量/%	基质相对含水量/%	施肥种类、浓度、频次
子叶平展期	45~65	50~60	保瑞丰 10 号（18-18-18），500 倍液，每天上午喷施 1 次
第 1 片真叶生长期	65~70	50~60	
成苗期	60~65	50~80	速瑞丰 1 号（13-7-21+8CaO+TE），500 倍液，每周喷施 1 次
炼苗期	45~55	45~55	

（七）病虫害防治

通过选用优良抗病品种，保持育苗设施环境卫生，创造利于朝天椒生长发育、不利于病虫害发生和危害的条件，从而避免病虫害发生或减轻其危害。可采用覆盖遮阳网，在通风口设置防虫网，悬挂粘虫板等物理防治措施。采用化学药剂防治病虫害时，药剂使用应符合国标要求。

（八）壮苗标准

日历苗龄 35~40 天，生理苗龄 6~7 片叶，株高 14~16 厘米，茎粗 0.20~0.25 厘米。无病虫害，无病毒，生长一致。

二、朝天椒机械化丸粒化直播技术

（一）播前整地

先对播种朝天椒的地块或作业行施肥，然后旋耕。推荐每亩施用商品有机肥 150~300 千克，氮磷钾复合肥（15-15-15）25 千克。重茬地块需加施微生物菌肥，推荐每亩用量 30~50 千克。为了防治地下害虫，可配合肥料施用辛硫磷颗粒，每亩用量 2~3 千克。整地后用敌草胺防治杂草，推荐每亩用 20%的敌草胺乳油 250~300 克，兑水喷雾防治。

（二）种子丸粒化

选择合适品种的种子进行丸粒化处理，一般利用水和易分散的黏着剂与种子充分混匀，同时加入相应的粉料、农药、微肥和植物生长调节剂等，最后形成大小适中的种球，以利于播种。

（三）机械化播种

播种时间一般为 3 月中旬至下旬。播种选择机械式精量铺膜播种机，铺设滴灌带、覆盖地膜、播种一次完成。地膜可选用厚度 0.01 毫米、宽度 550 毫米的标准双面膜。铺设时上为银灰色，可反射紫外线，驱避蚜虫；下为黑色，可抑制杂草生长。播种时每穴 2~3 粒，株距为 12 厘米，行距为 25 厘米。播种结束进行滴灌，种子周围土壤被水浸透即可，7 天后根据墒情需要再滴灌 1 次。一般播种后 10~20 天出苗。

（四）播后管理

出苗后根据墒情需要每 7 天滴灌清水 1 次，苗后 20 天随滴灌追施高氮水溶肥 1 次，推荐每亩用量 3~5 千克，间隔 20 天再追施 1 次。在开花结果期，根据墒情需要及时滴灌，同时随水施入水溶肥料。初花期推荐每亩使用氮磷钾复合肥（N-P-K 为 15-15-15）3~5 千克。盛花期增加滴水次数，保持土壤湿润，及时冲施高钾肥，推荐每亩间隔 10~15 天追施高钾肥（N-P-K 为 15-15-30）5~7 千克，连续追施 2~4 次。成熟期控制水分，促进果实着色成熟，遇大雨立即排水防涝。6 月上旬，小麦机收时，调整收割机割台高度至距地面 25~30 厘米，收割小麦时割掉辣椒顶尖，促进侧枝萌发。

三、朝天椒编绳播种育苗技术

（一）种子编绳原理

种子编绳机通过真空泵将种子吸起来，放入匀速运行的纸带中，同时使用可降棉绳将纸带捆扎起来。种子放在种子仓中，种子吸盘转动时，吸盘上的每个气孔会吸取 1 粒种子，种子随着吸盘顺时针方向转动，当种子到达低点时，在重力作用下，种子落入下方的纸带上。纸带和线缠绕形成 1 个种子绳。种子绳是经过编织的纸带，内部有种子，被收卷在同样大小的线盘上。种子编绳中使用的纸带非常轻薄，厚度仅 0.03 毫米，采用特殊工艺制作而成，非常容易溶化降解，不会束缚种子发芽。数控种子编绳机可精确控制种子株距、每穴粒数等，播种速度 4 000 米/时左右，是人工种植速度的百倍。

（二）辣椒种子编绳

辣椒种子编绳按照预先设定的株距和穴粒数，通过编绳机将辣椒种子定量、定位编织在种子带中，辣椒株距可定 2.7～3.0 厘米。每亩种植 8 000 株左右，200 米种子带就可满足亩地用苗量。与常规撒播、穴播等直播方式相比，辣椒编绳播种育苗技术不仅能节省种子用量、降低种苗成本，减少人均间苗 1～2 次，节省 50%人工间苗成本，还能提高工作效率，降低劳动强度。辣椒种子编绳每亩可节省人工成本 300 元以上。

（三）编绳种子播种

种子编绳育苗，可使用种子带播种机播种或人工扯线播种。播种时需调整好播种机走向，将已编好的种子带轴安装在线轴支撑架上，匀速前进。苗床边 3～4 厘米不拉线，覆土要均匀，覆盖 1 厘米厚过筛细土，然后覆盖一层地膜，最后扣上小拱棚及棚膜。拱条尽可能直着下扎，以提高床边温度，使幼苗生长均匀一致。与传统撒播育苗相比，种子编绳育苗技术可精准播种，用种量可节省 50%，提高播种工效，省去间苗操作，而且种子出芽后有足够的生存空间，出苗齐，椒苗大小均匀、整齐，长势更好。

第六部分　朝天椒常见病虫草害防治技术

一、朝天椒的主要病害

（一）真菌病害

1. 立枯病

立枯病由立枯丝核菌引起，病原菌借助雨水、灌溉水、粪肥、农具等传播。温度在15~40℃均可发生，主要发生在育苗中后期。幼苗生长过密、间苗不及时、老化衰弱、温度偏高、通风透光条件差时易发病。应于发生前进行预防，发病初期进行防治。

2. 炭疽病

炭疽病由辣椒刺盘孢、果腐刺盘孢等真菌引起，病原菌借助灌溉水、昆虫及农事操作传播。温度12~33℃、相对湿度85%以上易发病。高温多雨或高温高湿、窝风积水、田间郁闭、生长势弱、氮肥施用过多及病毒病发生较重的田块发病重。应于发生前进行预防，发病初期进行防治。

3. 灰霉病

灰霉病由灰葡萄孢菌引起，病原菌借助雨水、气流和农事操作传播。温度20~23℃是发病最适温度，设施内15~20℃、相对湿度85%以上时病害极易流行。种植密度大、通风不良、光照不足、植株长势弱，发病重。应于发生前进行预防，发病初期进行防治。

4. 褐斑病

褐斑病由辣椒尾孢菌引起，病原菌借助种子、病残体带毒传播。高温高湿持续时间长易发病。应于发生前进行预防，发病初期进行防治。

5. 根腐病

根腐病由腐皮镰孢菌引起，病原菌借助灌溉水、雨水、农具等传播。温度22~26℃、相对湿度95%以上或土壤干裂后浇大水易发病。连作地、低洼、黏土地发病重。应于发生前进行预防，发病初期进行防治。

6. 枯萎病

枯萎病由尖孢镰刀菌引起，病原菌借助灌溉水、雨水或农事操作传播。温度24~28℃、相对湿度90%以上极易发病。田间积水、土壤偏碱、偏施氮肥发病重。应于发生前进行预防，发病初期进行防治。

（二）卵菌病害

1. 猝倒病

猝倒病由瓜果腐霉菌引起，病原菌借助灌溉水、雨水传播。苗床温度低于16℃、相对湿度90%以上易发病。土壤温度低、光照不足、幼苗长势弱发病重。应于发生前进行预防，发病初期进行防治。

2. 疫病

疫病由辣椒疫霉菌引起，病原菌借助雨水、灌溉水或农事活动传播。温度25~33℃、相对湿度85%以上易发病。定植后气温高、雨水多、湿度大或保护地大水漫灌、通风不良发病重。应于发生前进行预防，发病初期进行防治。

3. 绵腐病

绵腐病由瓜果腐霉菌引起，病原菌借助灌溉水、雨水传播。温度26~28℃、相对湿度90%以上病害易流行。连阴雨或雨后积水、湿气滞留发病重。应于发生前进行预防，发病初期进行防治。

（三）细菌病害

1. 青枯病

青枯病由青枯劳尔氏菌引起，病菌通过雨水、灌溉水传播。当土壤温度达20~25℃，气温30~35℃时，田间易出现发病高峰，尤其在大雨或连阴雨后骤晴，气温急剧升高，湿气、热气蒸腾量大，更易促成该病流行。连作重茬地或缺钾肥、管理不细的低洼排水不良地块或酸性土壤均利于发病。应于发生前进行预防，发病初期进行防治。

2. 细菌性叶斑病

细菌性叶斑病由丁香假单胞菌致病变种引起，借助雨水和灌溉水传播。在温度25~28℃、连续降雨条件下病害易流行。地势低洼、管理不当、植株生长势弱或旺长时病害发生严重。应于发生前进行预防，发病初期进行防治。

3. 疮痂病

疮痂病由野油菜黄单胞杆菌辣椒斑点病致病变种引起，借助雨水飞溅和昆虫传播。在温度25~30℃、相对湿度80%时易发病。土壤黏重、潮湿、高温高湿发病重。应于发生前进行预防，发病初期进行防治。

（四）病毒病

病毒病由黄瓜花叶病毒、烟草花叶病毒、马铃薯X病毒等引起，病毒借助蚜虫、粉虱和接触传播，种子也可带毒传播。温度20~35℃、相对湿度80%以下易发病。高温、干旱、光照强、重茬连作，以及甜椒发病重。应于发生前进行预防，发病初期进行防治。

（五）根结线虫病

根结线虫病由南方根结线虫侵染引起，连续重茬、施入未充分腐熟的农家肥、追肥不合理易发病。主要为害辣椒根部，形成大小不等的瘤状根结，造成生长衰弱甚至逐渐死亡。应在播种或定植前通过土壤处理进行防治。

二、朝天椒的主要虫害

（一）蚜虫

蚜虫在温度15~26℃、相对湿度低于75%的条件下均可为害。露地栽培6~7月下旬，虫口密度大、为害重，在设施栽培条件下周年为害。主要吸取植物汁液，使叶片卷曲、植株矮小、花蕾不能开放，植株提前老化早衰。宜在虫害发生初期进行防治。

（二）粉虱

粉虱在露地栽培条件下4~10月均可为害，在设施栽培条件下周年发生，干旱条件下发生重，秋季为害严重。主要在叶背面刺吸汁液，传播多种病毒，使叶片褪绿、变黄、萎蔫甚至死亡，并可引起煤污病。宜在虫害发生初期进行防治。

（三）蓟马

蓟马适宜在温度25~30℃、相对湿度40%~70%的条件下生长繁殖，高温干旱年份虫害发生严重。主要取食植株的嫩梢、嫩叶、花和幼果的汁液，使其变硬、卷曲、变形、花蕾脱落，并传播病毒病。宜在虫害发生初期进行防治。

（四）茶黄螨

茶黄螨适宜在温度16~23℃、相对湿度80%~90%的条件下生长繁殖。露地栽培7~9月为害重，在设施栽培条件下周年为害。多集中在辣椒顶尖、心叶、嫩茎和幼果上刺吸为害，使叶片皱缩、僵直、边缘下卷，新生茎枝变黄扭曲，落花落果。宜在虫害发生初期进行防治。

（五）甜菜夜蛾

甜菜夜蛾 6~9 月均可为害，7 月下旬到 9 月上旬是为害盛期。持续高温干旱时，虫害发生严重。其幼虫在叶背蚕食或剥食叶片，或群集在辣椒心叶处结网为害，取食叶肉，大龄幼虫可钻蛀果实，造成辣椒落果烂果。宜在卵孵化盛期至低龄幼虫高发期进行防治。

（六）斜纹夜蛾

7~9 月持续干旱少雨天气，斜纹夜蛾虫害易发生。以幼虫为害为主，取食叶肉，致使叶片残缺、花蕾缺损。宜在卵孵化盛期至低龄幼虫高发期进行防治。

（七）烟青虫

高温高湿条件下利于烟青虫的生长繁殖，5~10 月均可发生，6~9 月为害严重。幼虫为害辣椒花蕾、嫩叶、嫩茎和果实，可钻蛀果实内，使果实不能食用，出现大量果实腐烂现象。宜在卵孵化盛期至低龄幼虫高发期进行防治。

（八）棉铃虫

棉铃虫适宜在温度 25~28℃、相对湿度 70%~90% 的条件下生长繁殖，6~9 月为害较重。幼虫会蛀食辣椒的花蕾和果实，使雨水与病菌进入果实内部，造成烂果和落果。宜在卵孵化盛期至低龄幼虫高发期进行防治。

（九）蝼蛄

蝼蛄在潮湿的壤土或沙壤土易发生。蝼蛄可在土中咬食萌发的种子，或咬断幼苗根茎，造成幼苗死亡，使苗床缺苗断垄。

（十）蛴螬

蛴螬在重茬粪肥多的地块易发生。蛴螬幼虫直接啃咬萌发的种子、幼苗的根茎，使植株生长衰弱或枯死，严重时可大面积咬断辣椒苗。

（十一）金针虫

金针虫在春、秋季节，重茬、粪肥多的地块易发生。金针虫幼虫在土中取食播下的辣椒种子、萌出的幼芽、幼苗的根，使幼苗枯死。

（十二）地老虎

地老虎适宜在温度14~26℃、相对湿度80%~90%的条件下生长繁殖，农田周围杂草多的地块易发生。地老虎夜间活动，能将幼苗近地面的茎基部咬断，或啃食大苗的根茎嫩皮，使植株萎蔫死亡。

三、朝天椒的主要草害

（一）朝天椒杂草种类

朝天椒在苗期和生长期都有田间杂草为害，但发生种类和密度不同，为害程度也有所不同，主要分为禾本科杂草、阔叶杂草、莎草等几类。苗期田间杂草主要有婆婆纳、牛繁缕、荠菜、苣荬菜、泽漆、猪殃殃、宝盖草和小藜等杂草，还有少量禾本科杂草。生长期田间杂草主要有马唐、狗尾草、千金子、牛筋草、旱稗、狗牙根、反枝苋、刺苋、马齿苋、香附子和看麦娘等。

（二）杂草为害表现

杂草有发达的根系，生长速度快，光合效率高，而且营养生长快速向生殖生长过渡，夺取水分、养分和日光的能力比辣椒强，从而侵占辣椒植株在地上和地下的生存空间，寄生性杂草则直接从辣椒植株上吸收养分，这些都影响辣椒的产量、口感、果实着色和品质。同时，辣椒田间杂草丛生妨碍农事操作。田旋花和葎草使辣椒植株倒伏，造成茎叶和果实发生霉烂，降低辣椒产量，引发辣椒多种病害。另外，许多杂草还是滋生病虫害的中间宿主或场所，可导致辣椒田间病害和虫害的发生加重。

四、防治措施

（一）防治原则

遵循“预防为主，综合防治”的植保方针，根据病原菌和害虫基数、病虫害发生条件，结合气象预报，分析、推断发生程度，以确定发生时期和防治适期。优先采用农业、物理和生物防治措施，安全合理使用化学防治措施，达到有效、安全、经济、环保的目的。

（二）农业防治

品种选择上，要根据栽培季节和当地病虫害发生情况，因地制宜地选择抗耐病虫的辣椒品种。栽培方式上，与十字花科、豆科或葱蒜类等非茄科类蔬菜轮作 3~5 年以上，露地越夏栽培时，可套作高秆作物，以减轻蓟马等虫害和病毒病等病害的发生。在土壤整理时，深耕晒垡，精耕细耙，增加土壤通透性，降低虫源基数，减少初侵染源。采用深沟、高畦、宽窄行栽培，也可根据土壤质地和地下水位情况因地制宜。栽培管理方面，冬、春季用地膜覆盖，夏季用秸秆覆盖，降低田间湿度，减少病害的发生和传播；及时摘除老叶、黄叶、病虫叶，并及时清除病株残体，带出田外集中掩埋或销毁。肥水管理方面，应增施腐熟的有机肥，根据土壤肥力情况进行配方施肥，优先采用肥水一体化、膜下滴灌和暗灌技术。

（三）物理防治

种子在播前应进行处理，可在阳光下晒种 2 天，或将种子用 75℃热水快速处理 1~2 分钟，再放入 55℃温水中不停搅拌 7~8 分钟，然后按照常规栽培措施进行操作。包衣种子可直接播种。

防治虫害可使用杀虫灯、诱虫板、诱捕器等。使用杀虫灯诱杀时，每 10~15 亩放一套，生长前期放置在离地面 1.5 米高度，生长后期要放置在高于作物顶部 10~20 厘米处。每天的开灯时间以晚上 9 时到第二天凌晨 4 时为宜。使用诱虫板时，一般用黄色诱虫板诱杀蚜虫、粉虱、美洲斑潜蝇，每亩悬挂 40 张 20 厘米×25 厘米黄色粘虫板；用蓝色诱虫板诱杀蓟马，每亩悬挂 40 张 20 厘米×25 厘米蓝色粘虫板。色板悬挂在植株顶部 10~20 厘米处并及时更换。诱捕器在越冬代害虫羽化始盛期开始使用，防治甜菜夜蛾每 1~2 亩放置 3 个诱捕器，每个诱捕器放置 1 个诱芯，水平放置在距作物顶部 20~30 厘米处，及时更换诱芯，并及时处理诱捕的成虫。

（四）生物防治

生物防治可采用释放天敌和使用生物农药的方式进行。在设施栽培条件下，防治蚜虫，每次每亩释放 500~1 000 头（粒）异色瓢虫（卵），间隔 10~15 天释放 1 次，连续释放 2 次；防治粉虱，每次每亩释放 250~500 头烟盲蝽，间隔 10~15 天释放 1 次，连续释放 2 次；防治蓟马，每次每亩释放 250~500 头小花蝽，间隔 10~15 天释放 1 次，连续释放 2 次。注意：释放天敌前、后 7 天内不应喷施杀虫剂。

（五）化学防治

一定要合理选择农药，根据防治对象，合理选用高效、低毒、低残留农药，按照国家相关农药使用规范进行防治。辣椒主要病虫害防治药剂及使用方法见表 6-1。禁止使用高毒、高残留农药，辣椒禁止使用的农药品种参照《禁限用农药名录》。

表 6-1　辣椒主要病虫害防治药剂及使用方法

防治对象	农药名称	有效成分含量	剂型	亩用药量或稀释倍数	使用方法	使用次数	安全间隔期（天）
猝倒病	精甲·噁霉灵	0.3%	可溶粉剂	4 666.7~6 000 克	冲施	2	21
	霜霉·噁霉灵	26.1%	可溶液剂	300~400 倍	浸种	1	21

续表

防治对象	农药名称	有效成分含量	剂型	亩用药量或稀释倍数	使用方法	使用次数	安全间隔期（天）
立枯病	井冈霉素	24%	水剂	266.7~400 毫升	泼浇	3	14
	噁霉灵	30%	水剂	1 666.7~2 333.3 克	泼浇	1	10
	吡唑醚菌酯	0.1%	颗粒剂	23 333.3~33 333.3 克	撒施	1	—
	异菌脲	50%	可湿性粉剂	1 333.3~2 666.7 克	泼浇		—
疫病	精甲·百菌清	440 克/升	悬浮剂	75~165 毫升	喷雾	3	3
	霜脲·锰锌	72%	可湿性粉剂	100~167 克	喷雾	3	4
	代森锰锌	80%	可湿性粉剂	150~210 克	喷雾	3	15
	烯酰吗啉	80%	水分散粒剂	20~25 克	喷雾	3	7
	嘧菌酯	50%	水分散粒剂	20~36 克	喷雾	3	7
	氟啶胺	50%	悬浮剂	30~35 毫升	喷雾	3	7
	申嗪霉素	1%	悬浮剂	50~120 毫升	喷雾	3	7
	枯草芽孢杆菌	100 亿 CFU/毫升	悬浮剂	100~200 毫升	喷雾	3	
灰霉病	咪鲜胺锰盐	50%	可湿性粉剂	30~40 克	喷雾	2	12
根腐病	咯菌·嘧菌酯	1.5%	颗粒剂	1 000 ~2 000 克	沟施	—	—
	多·福	40%	可湿性粉剂	7 333.7~8 667.1 克	拌土撒施	—	—
	二氯异氰尿酸钠	20%	可溶粉剂	300~400 倍	灌根	3	3
炭疽病	苯醚甲环唑	10%	水分散粒剂	50~83 克	喷雾	3	3
	咪鲜胺	25%	乳油	58~100 毫升	喷雾	2	12
	福·甲·硫黄	70%	可湿性粉剂	70~90 克	喷雾	2	7
	苦参·蛇床素	1.5%	水剂	30~35 毫升	喷雾	3	—

续表

防治对象	农药名称	有效成分含量	剂型	亩用药量或稀释倍数	使用方法	使用次数	安全间隔期（天）
炭疽病	嘧菌酯	25 克/升	悬浮剂	32～48 毫升	喷雾	3	5
	苯甲·嘧菌酯	30%	悬浮剂	20～32 毫升	喷雾	3	7
	氟菌·肟菌酯	43%	悬浮剂	20～30 毫升	喷雾	2	5
	琥胶肥酸铜	30%	可湿性粉剂	65～93 克	喷雾	2	7
枯萎病	咪鲜胺	25%	乳油	500～750 倍	喷雾	2	12
	枯草芽孢杆菌	10 亿个/克	可湿性粉剂	200～300 克	灌根	—	—
	咯菌·嘧菌酯	0.6%	颗粒剂	3 000～5 000 克	沟施	1	—
疮痂病	氢氧化铜	46%	水分散粒剂	30～45 克	喷雾	3	5
	锰锌·拌种灵	20%	可湿性粉剂	100～150 克	喷雾	3	15
青枯病	多粘类芽孢杆菌	0.1 亿 CFU/克	细粒剂	1）300 克 2）200 克 3）1 050～1 400 克	1）浸种 2）苗床泼浇 3）灌根	—	—
细菌性叶斑病	噻唑锌	20%	悬浮剂	100～150 毫升	喷雾	3	7
病毒病	宁南霉素	8%	水剂	75～104 毫升	喷雾	3	7
	氨基寡糖素	5%	可溶液剂	40～50 毫升	喷雾	—	—
	香菇多糖	2%	可溶液剂	65～80 毫升	喷雾	—	—
	几丁寡糖素醋酸盐	5%	可溶液剂	40～50 毫升	喷雾	—	—
	甾烯醇	0.06%	微乳剂	30～60 毫升	喷雾	—	—
	烷醇·硫酸铜	2.8%	悬浮剂	82.1～125 毫升	喷雾	—	—
	混脂·硫酸铜	24%	水乳剂	78～117 毫升	喷雾	—	—
	吗胍·乙酸铜	20%	可湿性粉剂	120～150 克	喷雾	3	5
	混脂·络氨铜	30%	水乳剂	40～50 毫升	喷雾	2	7

续表

防治对象	农药名称	有效成分含量	剂型	亩用药量或稀释倍数	使用方法	使用次数	安全间隔期（天）
蚜虫	苦参碱	1.5%	可溶液剂	30~40 毫升	喷雾	3	10
	溴氰虫酰胺	10%	悬乳剂	30~40 毫升	喷雾	3	3
	双丙环虫酯	50 克/升	可分散液剂	10~16 毫升	喷雾	2	3
	氯虫·高氯氟	14%	微囊悬浮-悬浮剂	15~20 毫升	喷雾	2	7
粉虱	溴氰虫酰胺	10%	悬乳剂	50~60 毫升	喷雾	3	3
	联苯·噻虫嗪	22%	悬乳剂	20~40 毫升	喷雾	1	5
	噻虫·高氯氟	22%	微囊悬浮剂	5~10 毫升	喷雾	2	5
	螺虫·噻虫啉	22%	悬浮剂	30~40 毫升	喷雾	2	3
	噻虫嗪	25%	水分散粒剂	1)7 ~15 克 2)0.12 ~ 0.2 克/株，2 000~4 000 倍	1)苗期（定植前 3~5 天）喷雾 2)灌根	2	3
茶黄螨	联苯肼酯	43%	悬浮剂	20 ~30 毫升	喷雾	2	5
蓟马	溴氰虫酰胺	10%	悬浮剂	40~50 毫升	喷雾	3	3
	噻虫嗪	21%	悬浮剂	10~18 克	喷雾	2	7
	球孢白僵菌	150 亿孢子/克	可湿性粉剂	160~200 克	喷雾		
甜菜夜蛾	甜菜夜蛾核型多角体病毒	300 亿 PIB/克	水分散粒剂	2~5 克	喷雾	—	—
	甲氨基阿维菌素苯甲酸盐	8%	水分散粒剂	3~4 克	喷雾	2	7
	苦皮藤素	10%	水乳剂	90~120 毫升	喷雾	1	10
	氯虫苯甲酰胺	5%	悬浮剂	30~60 毫升	喷雾	2	5

续表

防治对象	农药名称	有效成分含量	剂型	亩用药量或稀释倍数	使用方法	使用次数	安全间隔期（天）
烟青虫	棉铃虫核型多角体病毒	600 亿 PIB/克	水分散粒剂	2~4 克	喷雾	—	—
	甲氨基阿维菌素苯甲酸盐	5%	微乳剂	3~7 毫升	喷雾	2	5
	氯虫·高氯氟	14%	微囊悬浮-悬浮剂	15~20 毫升	喷雾	2	7
	苏云金杆菌	16 000 IU/米克	可湿性粉剂	100~150 克	喷雾	—	—
	高效氯氰菊酯	4.5%	乳油	35~50 毫升	喷雾	2	7
棉铃虫	溴氰虫酰胺	10%	悬浮剂	10~30 毫升	喷雾	3	3
	氯虫苯甲酰胺	5%	悬浮剂	30~60 毫升	喷雾	2	5

禁限用农药名录(2024)

《中华人民共和国农产品质量安全法》规定，禁止在农产品生产经营过程中使用国家禁止使用的农业投入品以及其他有毒有害物质。《农药管理条例》规定，农药使用应按照标签规定的使用范围、安全间隔期用药，不得超范围用药。剧毒、高毒农药不得用于防治卫生害虫，不得用于蔬菜、瓜果、茶叶、菌类、中草药材的生产，不得用于水生植物的病虫害防治。

一、禁止使用的农药（56 种）

六六六	滴滴涕	毒杀芬	二溴氯丙烷
杀虫脒	二溴乙烷	除草醚	艾氏剂
狄氏剂	汞制剂	砷类	铅类
敌枯双	氟乙酰胺	甘氟	毒鼠强
氟乙酸钠	毒鼠硅	甲胺磷	对硫磷
甲基对硫磷	久效磷	磷胺	苯线磷
地虫硫磷	甲基硫环磷	磷化钙	磷化镁
磷化锌	硫线磷	蝇毒磷	治螟磷
特丁硫磷	氯磺隆	胺苯磺隆	甲磺隆
福美胂	福美甲胂	三氯杀螨醇	林丹
硫丹	氟虫胺	杀扑磷	百草枯
灭蚁灵	氯丹	2，4-滴丁酯	甲拌磷*

甲基异柳磷*	水胺硫磷*	灭线磷*	氧乐果*
克百威*	灭多威*	涕灭威*	溴甲烷*

注：甲拌磷、甲基异柳磷、水胺硫磷、灭线磷过渡期至2024年9月1日，过渡期内禁止在蔬菜、瓜果、茶叶、菌类、中草药材上使用，禁止用于防治卫生害虫，禁止用于水生植物的病虫害防治。甲拌磷、甲基异柳磷过渡期内禁止在甘蔗上使用。氧乐果、克百威、灭多威、涕灭威过渡期至2026年6月1日，过渡期内禁止在蔬菜、瓜果、茶叶、菌类、中草药材上使用，禁止用于防治卫生害虫，禁止用于水生植物的病虫害防治。克百威过渡期内禁止在甘蔗上使用。过渡期后禁止销售和使用上述4种农药。溴甲烷仅可用于“检疫熏蒸处理”。

二、在部分范围内禁止使用的农药（12种）

通用名	禁止使用范围
内吸磷 硫环磷 氯唑磷	禁止在蔬菜、瓜果、茶叶、中草药材上使用
乙酰甲胺磷 丁硫克百威 乐果	禁止在蔬菜、瓜果、茶叶、菌类、中草药材上使用
毒死蜱 三唑磷	禁止在蔬菜上使用
丁酰肼（比久）	禁止在花生上使用
氰戊菊酯	禁止在茶叶上使用
氟虫腈	禁止在所有农作物上使用（玉米等部分旱田种子包衣除外）
氟苯虫酰胺	禁止在水稻上使用

第七部分　朝天椒栽培的常见问题

一、落叶落花落果的“三落”问题

（一）“三落”问题发生的原因

1. 导致辣椒落叶的因素主要有以下几点

（1）水肥障碍：辣椒稍耐干旱，但水分过低导致植物生理功能失调，辣椒根系的吸收功能减弱，气孔封闭、蒸发停止，光合作用受到抑制，导致叶片脱落。但在连续阴天降水或暴雨后的田间水分含量过高时，也会导致辣椒根系氧气供应不足，造成生理干旱，体内转运组织功能下降，辣椒叶子脱落。另外，当土壤中肥料不足时，因不能满足辣椒的正常生长和发育，下部叶片频繁老化而导致叶片脱落。

（2）温度障碍：当温度过高时，植物的呼吸频率会增加，能量消耗会更大，而当温度低时，根部吸收功能会受到阻碍，叶片黄化和脱落也会加速。如温度在 18℃以下，根的生理功能就会降低，低于 8℃时根系的生长停止，植物就会停止生长。

（3）光照不足：当辣椒栽植密度过大，叶片重叠，会造成光照不足和通风不良，导致叶片的呼吸消耗比光合作用的积累更大，使相互交叉的叶子提前变黄。辣椒补偿点的光照强度为 1 500 勒克斯，当较低的叶片光照强度小于 1 000 勒克斯时，可能引起辣椒落叶。

（4）感染病害：有多种辣椒病害都可导致落叶，如细菌性叶斑病、白粉病、白星病等。

2. 导致辣椒落花落果的因素主要有以下几点

（1）温度：辣椒喜欢空气干燥、土壤湿润的环境。如果温度高于30℃，根系就会受到伤害而落花；如果温度超过35℃，即可影响授粉、受精，同时易引起植株徒长，使植株同化功能减弱，呼吸消耗增加，引起子房枯萎，花丝干缩，致使落花落果；如果温度低于15℃，也会影响授粉及花粉管的伸长，导致落花。

（2）湿度：土壤干旱，水分不足，加上蒸发量大，会抑制植株对肥水的需求，引起落花落果；如果水分过多，通透性差，使根系呼吸和生长发育受阻，有的还会出现沤根，也会引起落花落果。

（3）养分：氮肥施用过多，造成植株徒长，营养生长和生殖生长失去平衡，使辣椒的花、果营养不足或营养紊乱，进而引起落花落果。如果缺硼，易引起花而不实，造成落花落蕾。

（4）苗龄：如苗龄过大或带蕾定植，缓苗阶段由于根系还没有恢复正常，无机盐供应不足，引起落花。

（5）生理原因：系植株内部原因引起的落花、落果。当花器官发育不全或有生理缺陷，以及受精不完全，在花芽分化过程中发育不良，从而形成了短花柱、多柱头，花粉败育或雌雄发育不协调，配子或卵细胞自交不亲和等，均不能正常开花、结果。

（6）栽植原因：密度过大，导致通风不良，光照不足，光合作用减弱，制造的营养物质不能满足自身消耗时，就会引起落花和落果。

（二）“三落”的综合防治措施

1. 地块选择

选地势较高、土层深厚、耕性良好、排灌方便、地势平坦、保水保肥的壤土或沙壤土地块种植辣椒，不能在盐碱和低洼地上栽培。

2. 种子消毒

选用抗病、抗逆性强的一代杂交种，一代杂交种具有根系发达、生长旺盛、整齐度高、抗病性和抗逆性强等优点，可有效减轻“三落”。播种前进行种子消毒处理。

3. 合理轮作

采用集约化育苗、地膜覆盖等保护根系，减少病菌侵染概率，采用深沟、高畦、窄畦栽培，防止田间渍水，使土壤具有良好的透气性，为植株生长提供一个良好的环境。合理密植，早播种、早定植，以提高辣椒自身抗病力。封垄后及时去掉下部老叶，改善田间通风透光条件。辣椒忌连作，一般按 2~3 年轮作的原则实行轮作。即使当地倒茬轮作确有困难，辣椒连作也不宜超过 3 年。

4. 灌溉及排涝

辣椒喜土壤湿润、空气干燥的环境条件。刚定植的幼苗，定植水不宜过大，同时结合中耕松土，以促使根系生长。缓苗后应蹲苗 10~15 天，缓苗后至开花坐果期，应适当控水，视土壤状况进行浇水，保持土壤见干见湿。进入红果期要控制浇水，一般在 8 月中下旬后就不再浇水。如遇高温干旱天气，应及时浇水，特别是在花蕾期和结果期，植株对水分的需求比较敏感，不能缺水。浇水时间应避开高温时段，通常选择清晨或傍晚前后进行。地块周围要保持沟渠畅通，当遇到强降雨、连续阴雨天气或大雨骤晴后，要及时排出田间积水，防止根系长时间水淹或植株受热水汽熏蒸而引起落叶或死棵。

5. 合理施肥

辣椒喜硝氮、钾肥，对氮（N）、磷（P_2O_5）、钾（K_2O）的需求比例为 1∶0.2∶1.2；对氯敏感，属于忌氯作物。一般每亩施 4 000~5 000 千克充分腐熟的农家肥和 45%的硫酸钾复合肥

（N-P-K 为 15-15-15）作为基肥。基肥分两次施入，60%整地前底施，40%定植时沟施，这样可以保障辣椒较长时间对肥料的需求。追肥一般遵循“轻施苗肥、稳施花肥、重施果肥、早施秋肥”的原则进行。如果底肥施入量充足，苗期可不用追肥。花肥用在辣椒开花后至第一次采收前，一般每亩用氮磷钾复合肥 15 千克左右，如肥量过多或土壤缺肥会引起落花、落果。果肥用在第一次采收至立秋之前，也就是辣椒结果盛期，此阶段需肥量最大，一般每亩追施氮磷钾复合肥 40 千克。秋肥用在立秋或处暑前后，一般每亩追施氮磷钾复合肥 20 千克左右。在显蕾初期、盛果期，各用 0.1%硫酸锌和 0.15%硼酸溶液喷施一次；每亩用量 50~100 千克，每 7 天喷 1 次，一般连喷 3 次即可。

二、簇生和单生品种的管理差异

目前市场上存在单生和簇生朝天椒品种，农户应根据市场需求和自身条件进行选择栽培，在此将两种类型的差异做一介绍。

1. 品种类型

簇生朝天椒因为其成熟期一致、采摘方便等优点，受到种植户的青睐，许多农户也都留种自种，虽然目前市场上也出现了“天问 5 号”“天红 16”等优秀的杂交品种，但簇生朝天椒绝大多数为常规种。单生朝天椒大多为杂交品种。

2. 种植密度

簇生朝天椒属于有限生长类型，单生朝天椒属于无限生长类型，因此单生朝天椒植株较为高大。在大田定植时，簇生朝天椒一般每亩种植 6 000~8 000 株，可一穴双株定植；而单生朝天椒一般每亩种植 2 000~3 000 株，一穴一株。

3. 管理方式

因为簇生朝天椒果实簇生于侧枝顶端，所以在定植后要进行打顶处理，以利于植株多生侧枝而增加结果数；单生朝天椒果实单生于分杈间，因此不需要打顶。

4. 采摘方式

簇生朝天椒果实簇生于侧枝顶端，分布较为集中，且成熟期基本一致，所以采摘较为便利且适合机械化作业。在果熟期可以适时使用乙烯利等植物生长调节剂，在加速辣椒转红的同时使叶片脱落，再采用机械采收，之后椒果也可以一次性直接全部入库或进行销售，可大大减轻劳动强度。单生朝天椒是随着分枝的增生逐渐出现蕾、花、果，往往下部椒果已经成熟而上部还在开花，因此果实成熟期不一致，只能进行分批采收，劳动力成本较高。分批采摘可以减少养分消耗，从而增加植株产量，并且可以赶早上市，经济效益明显。

三、夏季洪涝气候灾害的应对

河南省年平均降水量约为 1 000 毫米，全年降水的 50%集中在夏季 7~8 月，并常有暴雨发生。当夏季发生洪涝灾害后，会对朝天椒栽培造成极大影响，辣椒植株容易发生倒伏，遇到轻度洪害，可以恢复长势，重度的话会萎蔫，逐渐干枯死亡，造成绝收。2021 年 7 月河南省的持续性强降雨天气，对朝天椒主产县临颍、内黄、扶沟、西华、鄢陵等地影响较大，部分地块绝收，且后续连坐病害严重发生，部分地区朝天椒死棵严重。椒农应根据实际情况采取相应的技术措施，做好积极应对，把灾害降到最低，具体措施有以下几点。

1. 雨前防护

及时关注气象条件，提前挖好排水沟，疏通沟渠，不仅疏通自己田间的排水沟渠，还要让它们与大的沟渠和河流相连通，防雨水倒灌。

2. 及时排涝，开沟沥水

在降雨停止后，田间有积水时及时排出，降低地下水位，加速表土干燥，减少根系受损，防止对辣椒造成不可逆伤害，以保持根系有良好的通透性，保证辣椒正常生长。对于已经积水并排出地表水的田块，要开深沟沥出多余的地下水，可用钩机每 3~5 米开一条深 0.5 米、宽 30 厘米的深沟，防止渍水。同时进行喷水洗叶，摘除残枝病叶，减少植株养分消耗。

3. 中耕培土，降低土壤湿度

雨后放晴之后，及时进行中耕培土，改善土壤的通气性，防止大雨之后土壤板结，根系呼吸作用降低，功能受阻。通过中耕，破除土壤板结，改善土壤通气状况，降低土壤湿度，恢复根系活力，为辣椒生长创造适宜的土壤环境。中耕应近根处浅，行间深，避免伤根。中耕培土有利于排水，又促进根系生长发育，同时有固定植株的作用，防止植株倒伏，一般培土高度在 3 厘米左右。中耕还具有消灭杂草的作用。结合中耕，注意培土，促发新根。有条件的可以增施草木灰，既可降低土壤湿度，又可增加土壤养分。

4. 合理整枝，保证通风透光

辣椒整枝时，及时去除老病残枝，摘除下部老叶、病叶，改善田间通风透光条件，并促进上部枝叶生长和果实伸长膨大。大雨伴随大风，常造成植株倒伏，必须抢时扶正，并适当培土护根。

5. 及时追肥保产

由于暴雨过后田间肥料流失较严重，加之辣椒根系受淹后活力下降，吸收肥水能力降低，要及时进行叶面追肥。建议叶面喷施磷酸二氢钾、植物免疫蛋白、云大—120、芸苔素内酯等，补充营养，增强作物抗逆能力，促进作物快速恢复。隔 7~10 天喷 1 次，连喷 2~3 次，以提高产量，防止植株早衰或畸形果发生。

6. 及时防病治虫

大雨过后空气和土壤长期潮湿，高温高湿的环境有助于病菌孢子萌发和病菌菌丝的快速生长，极易造成辣椒真菌、细菌混合感染及病虫害的侵染。可全田喷施一些广谱性杀菌剂，如75%代森锰锌水分散粒剂150~200克/亩、80%多菌灵水分散粒剂62.5~80克/亩、20%噁霉灵·乙蒜素可湿性粉剂60~75克/亩等，促进植株恢复正常生长发育。同时注意防治蚜虫、红蜘蛛、烟青虫、棉铃虫等虫害以及根腐病、枯萎病、疫病、炭疽病、病毒病、疮痂病等病害。选用高效、低毒、低残留农药，适时防病治虫，控制病虫害的暴发流行。

7. 调理根系，根部施肥

由于涝害会导致沤根，切不可立即进行根系施肥，必须待土壤已干、植物恢复生长后，再进行养根及速效追肥。根据不同田块灵活掌握肥料的追施量，受涝严重、肥料流失较多的地块要适当多补，反之则少补，一般每亩追施尿素5~10千克、过磷酸钙10~15千克。同时进行叶面喷肥。建议使用黄腐酸盐冲施肥或腐殖酸冲施肥进行冲施或滴灌，可有效促进生根，提高肥料吸收利用率，弥补化肥养分单一的缺陷，降低缺素症。

8. 受灾严重地块，及时补种减损失

部分或全部淹毁的地块，在积水过后，应及时清理田间植株和杂草，进行土壤消毒处理，墒情合适时翻耕整地，及早补种改种。对有上市价值的辣椒，要及时采收、抓紧上市，减轻经济损失。对已经绝收的菜田，可根据种植习惯和市场行情及时抢播大白菜、萝卜等速生夏秋菜。也可以种植牧草、青贮玉米，改良土壤。

朝天椒苗期立枯病

朝天椒苗期猝倒病

朝天椒疫病

朝天椒炭疽病

朝天椒根腐病

朝天椒灰霉病

朝天椒褐斑病

朝天椒绵腐病

朝天椒青枯病

朝天椒细菌性叶斑病

朝天椒病毒病

朝天椒根结线虫病

蚜虫为害朝天椒叶片及花

蓟马为害朝天椒叶片及花

茶黄螨为害朝天椒叶片

斜纹夜蛾为害朝天椒叶片

烟青虫为害朝天椒叶片

地老虎为害朝天椒幼苗